Enseignement des mathématiques

math 2 xx a	math 3 xxx	Sans calculatrice

Étude de la fonction polynôme de degré deux dans l'ensemble des nombres réels : les bases

Forme développée : $f(x) = ax^2 + bx + c$ ($a \neq 0$)

Forme canonique : $f(x) = a(x-\alpha)^2 + \beta$

Forme factorisée : $f(x) = a(x-x_1)(x-x_2)$

Graphiquement, c'est une parabole :
- $a > 0$ ouverte vers le haut $\cup$ [comme x^2]
- $a < 0$ ouverte vers le bas $\cap$

de sommet le point $S(\alpha; \beta)$ avec $\alpha = \dfrac{-b}{2a}$ et $\beta = \dfrac{-\Delta}{4a}$

Discriminant : $\Delta = b^2 - 4ac$

$\Delta < 0$ Pas de racine réelle.
Toujours du signe de a.

$\Delta = 0$ Racine double : $x_0 = -b/(2a)$
Toujours du signe de a,
sauf en x_0 où il s'annule.

$\Delta > 0$ Deux racines : $x_{1,2} = \dfrac{-b \pm \sqrt{\Delta}}{2a}$
Signe de –a entre x_1 et x_2
et signe de a à l'extérieur.

---

math 2 xx b	math 2 a xx	Avec calculatrice

Mise en équation et résolution de problèmes variés en relation avec la fonction trinôme

Si $ax^2 + bx + c$ a pour racines x_1 et x_2
alors $x_1 + x_2 = -\dfrac{b}{a}$ et $x_1 x_2 = \dfrac{c}{a}$.

On a $\begin{cases} x_1 + x_2 = S \\ x_1 \times x_2 = P \end{cases} \Leftrightarrow \begin{cases} x_1, x_2 \text{ racines de} \\ x^2 - Sx + P = 0 \end{cases}$

Dans le plan rapporté à un repère orthonormé, l'ensemble des points $M(x, y)$ du plan tels que $(x - x_\Omega)^2 + (y - y_\Omega)^2 = R^2$ est le cercle de centre $\Omega(x_\Omega, y_\Omega)$ et de rayon R.

---

math 2 xx c		Avec calculatrice

Équations du second degré et équations bicarrées dans le corps des nombres complexes

- Savoir résoudre une équation du second degré dans le corps $\mathbb{C}$ des nombres complexes.
- Savoir résoudre une équation bicarrée par changement de variable.

math 1 xx a	
	Arithmétique dans $\mathbb{Z}$: divisibilité dans $\mathbb{Z}$

Définition :
Soit a et b deux entiers relatifs. S'il existe un entier relatif k tel que $b = k \times a$ on dit que "b est un multiple de a", que "a est un diviseur de b", que "b est divisible par a" ou que "a divise b" que l'on note $a \mid b$ avec $|a| \leq |b|$.

Exemple :
De l'égalité $54 = 9 \times 6$ on déduit que 54 est un multiple de 9, 54 est un multiple de 6, 9 est un diviseur de 54, 6 est un diviseur de 54, 9 divise 54 et 6 divise 54, on peut écrire $9 \mid 54$ et $6 \mid 54$ puisque $|9| \leq |54|$ et $|6| \leq |54|$.

Remarques :
- L'ensemble des multiples de 3 est l'ensemble des nombres de la forme $3 \times k$ avec $k \in \mathbb{Z}^*$, parfois noté $3\mathbb{Z}$
- Un multiple de n est un entier relatif $b \in \mathbb{Z}$ tel que $b = n \times k$ avec $k \in \mathbb{Z}$
  Un diviseur de n est un entier relatif $b \in \mathbb{Z}$ tel que $n = b \times k$ avec $k \in \mathbb{Z}$
- Si $a \in \mathbb{Z} \setminus \{0\}$, il est possible d'écrire que "a est un multiple de a", ou que "a divise a", c'est-à-dire $\boxed{a \mid a}$

Propriétés :

$\boxed{\text{si } a \mid b \text{ alors } b = k \times a \text{ avec } k \in \mathbb{Z}^*}$	$\boxed{\text{si } a \mid b \text{ et } k \in \mathbb{Z}^* \text{ alors } a \mid kb}$	(si $a \mid b$ alors a divise tout multiple de b)
$\boxed{a \mid b \text{ et } b \mid c \Rightarrow a \mid c}$	$\boxed{a \mid b \text{ et } b \mid a \Leftrightarrow a = b \text{ ou } a = -b}$	$\boxed{a \mid b \text{ et } a \mid c \Rightarrow a \mid b+c, a \mid b-c \text{ et } a \mid b \times c}$

math 1 xx b	
	Une note minimale de 8/10 est nécessaire pour valider cette Unité de Valeur

Exercice 1/5 : Déterminer dans $\mathbb{Z}$ les entiers n tels que 7 divise $n+3$

Exercice 2/5 : Déterminer dans $\mathbb{Z}$ les entiers n tels que $2n-5$ divise 6

Exercice 3/5 : Déterminer dans $\mathbb{Z}$ les entiers n tels que $2n-3$ divise $n+5$

Exercice 4/5 : Soit $p \in \mathbb{Z}$, démontrer que : $2 \mid p(p^2-1)$

Exercice 5/5 : Soit $p \in \mathbb{Z}$, démontrer que : $3 \mid p(p^2-1)$ puis que : $3 \mid p(p+1)(2p+1)$

math 1 xx c	
Arithmétique dans $\mathbb{Z}$: division euclidienne (dans $\mathbb{N}$ ou $\mathbb{Z}$)	

Rappels: - Dans une division euclidienne, on a : dividende = diviseur × quotient + reste
 - Le reste doit toujours être strictement inférieur au diviseur.

Définition :
♦ Soit a un entier relatif et b un entier naturel non nul.
 Il existe un unique couple (q;r) avec $q \in \mathbb{Z}$ et $r \in \mathbb{N}$, tel que: $\boxed{a = bq + r \text{ et } 0 \leq r < b}$
 a est le dividende, b le diviseur, q le quotient et r le reste.
♦ On dit que l'unique couple (q;r) est le résultat de la division euclidienne de a par b

Attention : Dans $\mathbb{N}$ et $\mathbb{Z}$, la division euclidienne ne peut pas être faite manuellement de la même façon:
Par exemple dans $\mathbb{N}$, on a $514 = 35 \times 14 + 24$ avec $24 < 35$, donc $(14;24)$
 est le résultat de la division euclidienne de 514 par 35.
Alors que dans $\mathbb{Z}$, on a $-514 = 35 \times (-15) + 11$ avec $11 < 35$, donc $(-15;11)$
 est le résultat de la division euclidienne de -514 par 35.

math 1 xx x	Une note minimale de 16/20 est nécessaire pour valider cette UV

Exercice 1/4 : Le reste de la division euclidienne de 557 par l'entier b est 89.
 Déterminer les valeurs possibles du diviseur b et du quotient q.

Exercice 2/4 : Montrer que : si n est un entier naturel impair, alors $n^2 - 1$ est divisible par 8.

Exercice 3/4 : Soit x un entier relatif tel que le reste de la division euclidienne de x par 7 est 2.
 Quels sont les restes des divisions euclidiennes par 7 de x^2 et de x^3 ?

Exercice 4/4 : Montrer : tout entier relatif n non divisible par 5 a un carré de la forme $5k+1$ ou $5k-1$, $k \in \mathbb{Z}$

math 1 xx c	

Arithmétique dans $\mathbb{Z}$: congruences dans $\mathbb{Z}$

Définition :
- Soient n un entier naturel non nul, a et b deux entiers relatifs.
  On dit que "a et b sont congrus modulo n", ou bien que "a est congru à b modulo n",
  si les entiers relatifs a et b ont le même reste dans la division euclidienne par n.
- On écrit alors: $a \equiv b\ (n)$ ou $a \equiv b\ [n]$ ou $a \equiv b\ (\text{modulo } n)$ ou $a \equiv b\ (\text{mod } n)$ ou $a \equiv_n b$ suivant les livres ...

Exemple : Le reste de la division euclidienne de 25 par 11 est 3, de même
le reste de la division euclidienne de 14 par 11 est 3, on a donc: $25 \equiv 14\ (11)$

```
  2 5 | 1 1        1 4 | 1 1
- 2 2 |              - 1 1 |
  ---   2            ---   1
    3                  3
```

Remarque :
- Dans l'exemple précédent, on a $25 = 11 \times 2 + 3$ et $14 = 11 \times 1 + 3$,
  mais on pourrait aussi écrire $3 = 11 \times 0 + 3$, donc $25 \equiv 3\ (11)$
- Interprétation: Si $a \equiv b\ (n)$ avec $0 \leq b < n$, alors b est le reste de la division euclidienne de a par n.

Propriétés :

- $n \mid a \Leftrightarrow a \equiv 0\ (n)$
- $a \equiv b\ (n) \Leftrightarrow b \equiv a\ (n)$
- $a \equiv b\ (n) \Leftrightarrow a - b \equiv 0\ (n) \Leftrightarrow n \mid a-b \Leftrightarrow n \mid b-a$
- si $a \equiv b\ (n)$ alors $a = b + k \times n$ avec $k \in \mathbb{Z}$
- si $a \equiv b\ (n)$ et si $b \equiv c\ (n)$ alors $a \equiv c\ (n)$
- si $a \equiv b\ (n)$ et si $c \equiv d\ (n)$ alors : $a + c \equiv b + d\ (n)$, $a - c \equiv b - d\ (n)$, $a \times c \equiv b \times d\ (n)$
- si $a \equiv b\ (n)$ et si $k \in \mathbb{Z} \setminus \{0\}$ alors : $a + k \equiv b + k\ (n)$, $a - k \equiv b - k\ (n)$, $a \times k \equiv b \times k\ (n)$
- si $a \equiv b\ (n)$ et si $p \in \mathbb{N} \setminus \{0\}$ alors : $a^p \equiv b^p\ (n)$
- $\forall n \in \mathbb{Z}^*,\ n \equiv 0\ (n)$
- $\forall a \in \mathbb{N}^*, \forall n \in \mathbb{N}^*,\ a \equiv a\ (n)$

Attention :
La relation de congruence est compatible avec l'addition, la soustraction et la multiplication, mais pas avec la division. Par exemple, la relation de congruence $2x \equiv 2y\ (n)$ ne peut pas être simplifiée par 2.

---

math 1 xx c	Une note minimale de **16/18** est nécessaire pour valider cette Unité de Valeur

Exercice 1/9 : Démontrer que : si $n \equiv 2\ (5)$ ou si $n \equiv 3\ (5)$ alors $n^2 + 1$ est un multiple de 5.

Exercice 2/9 : Démontrer que : pour tout entier naturel n, $6^n + 13^{n+1}$ est un multiple de 7.

Exercice 3/4 : Démontrer l'équivalence : $\forall n \in \mathbb{N},\ 13 \mid n^3 + 3n - 10 \Leftrightarrow n \equiv 3\ (13)$ ou $n \equiv 5\ (13)$.

Exercice 4/4 : Démontrer: $8^5 \equiv -1\ (11)$ puis $8^{10n} \equiv 1\ (11)$ pour tout $n \in \mathbb{N}$. En déduire que : $11 \mid 8^{2002} + 2$.

Exercice 5/9 : Donner, suivant les valeurs de l'entier n, les restes de la division euclidienne de 2^n par 5.

Exercice 6/9 : Résoudre dans $\mathbb{Z}$ la relation de congruence $8x \equiv 7\ (5)$ où l'inconnue est x avec $x \in \mathbb{Z}$.

Exercice 7/9 : Résoudre dans $\mathbb{Z}$ la relation de congruence $11x \equiv 8\ (6)$.

Exercice 8/9 : Déterminer l'ensemble des $n \in \mathbb{N}$ pour lesquels le nombre $2^n - 5$ est divisible par 9.

Exercice 9/9 : Résoudre dans $\mathbb{N}$ le système : $17\,085 \equiv 12\ (p)$ et $5\,399 \equiv 2\ (p)$.

math 1 xx d	

Arithmétique dans $\mathbb{Z}$: **P**lus **G**rand **C**ommun **D**iviseur : **PGCD**

Rappels de 3ème :
- On obtient le PGCD en utilisant la méthode des divisions euclidiennes successives (algorithme d'Euclide), le PGCD est alors le dernier reste non nul. Le PGCD permet notamment de simplifier une fraction. Le PPCM permet entre autre d'obtenir le plus petit dénominateur possible entre les dénominateurs de deux fractions.
- Entre le PGCD et le PPCM, nous avons l'égalité: $\boxed{PGCD(a,b) \times PPCM(a,b) = a \times b}$ (a et b entiers naturels)

Définition : *Plus Grand Commun Diviseur*
- Soient a et b deux entiers naturels non nuls.
  Un entier naturel qui divise a et qui divise b est appelé un diviseur commun à a et à b.
- L'ensemble des diviseurs communs à a et à b possède un plus grand élément, on le note PGCD(a;b)

Propriétés :
Soient a et b deux entiers naturels non nuls, on a alors les propriétés suivantes:

$\boxed{PGCD(a;b) \leq a}$ $\boxed{PGCD(a;b) \leq b}$ $\boxed{PGCD(a;b) = PGCD(b;a)}$ $\boxed{PGCD(a;b)|a}$ $\boxed{PGCD(a;b)|b}$

$\boxed{\text{Si } b|a \text{ alors } PGCD(a;b) = b}$. En particulier, $PGCD(a;a) = a$ et $PGCD(a;1) = 1$ $\boxed{PGCD(a;0) = a}$

Propriétés : *Algorithme d'Euclide*
- Soient a et b deux entiers naturels non nuls.
  Soient q et r le quotient et le reste de la division euclidienne de a par b (on a donc a=bq+r)
  Alors, $\boxed{\text{si } r=0 \text{ on a } PGCD(a;b) = b \text{ et si } r \neq 0 \text{ on a } PGCD(a;b) = PGCD(b;r) \text{ avec } r = a - bq}$

  $\begin{array}{c|c} a & b \\ \hline r & q \end{array}$

- L'ensemble des diviseurs communs à a et à b est l'ensemble des diviseurs de leur PGCD, ce qui peut s'exprimer également en écrivant que deux entiers naturels ($\neq 0$) a et b sont des multiples du PGCD(a;b).
- Pour tout entier naturel k non nul, on a: $\boxed{PGCD(ka;kb) = k \times PGCD(a;b)}$

---

math 1 xx d	Une note minimale de 16/20 est nécessaire pour valider cette Unité de Valeur

Exercice 1/8 : Simplifier la fraction : $\dfrac{3596}{3393}$.

Exercice 2/8 : Calculer : $\dfrac{1}{3596} + \dfrac{1}{3393}$.

Exercice 3/8 : Déterminer le PGCD de 48 et 18.

Exercice 4/8 : Soit $n \in \mathbb{N}$, déterminer suivant les valeurs de n le PGCD de $3n+4$ et de $n+1$.

Exercice 5/8 : Soit $n \in \mathbb{N}$, déterminer suivant les valeurs de n le PGCD de $n^2 + 5n + 7$ et de $n+1$.

Exercice 6/8 : Déterminer dans $\mathbb{N}$ l'ensemble des diviseurs communs à 656 et 312.

Exercice 7/8 : Déterminer tous les couples (a;b) d'entiers naturels ($\neq 0$) tq $PGCD(a;b) = 14$ et $a \times b = 2940$.

Exercice 8/8 : Déterminer tous les couples (a;b) d'entiers naturels ($\neq 0$) tq $PGCD(a;b) = 56$ et $a + b = 224$.

math 1 xx e	

Arithmétique dans $\mathbb{Z}$: **P**lus **P**etit **C**ommun **M**ultiple : **PPCM**

Définition : *Plus Petit Commun Multiple*
- Soient a et b deux entiers naturels non nuls.
  Un entier naturel qui multiplie a et qui multiplie b est appelé un multiple commun à a et à b.
- L'ensemble des multiples (>0) communs à a et à b possède un plus petit élément, on le note PPCM(a;b)

Propriétés :
Soient a et b deux entiers naturels non nuls, on a alors les propriétés suivantes :

$\boxed{\text{PPCM}(a\,;b) = \text{PPCM}(b\,;a)}$ $\boxed{\text{Si } a\,|\,b \text{ (donc si b est un multiple de a) alors } \text{PPCM}(a\,;b) = b}$

Propriétés :
Soient a, b et k des entiers naturels non nuls.
- L'ensemble des multiples communs à a et à b est l'ensemble des multiples de leur PPCM, ce qui peut s'exprimer également en écrivant que deux entiers (≠0) a et b sont des diviseurs de leur PPCM(a;b).
- Nous admettrons également les quatre relations suivantes :

$\boxed{\text{PPCM}(ka\,;kb) = k \times \text{PPCM}(a\,;b)}$ $\boxed{\text{PGCD}(a\,;b) \times \text{PPCM}(a\,;b) = |a \times b|}$

$\boxed{\text{PGCD}(a\,;b) \text{ divise } \text{PPCM}(a\,;b)}$ $\boxed{\text{PGCD}(a;b) = \text{PGCD}\bigl[a+b\,;\text{PPCM}(a;b)\bigr]}$

- Si a et b sont deux nombres premiers entre eux, nous avons PGCD(a;b) = 1 qui donne PPCM(a;b) = a×b.

math 1 xx e	Une note minimale de 16/20 est nécessaire pour valider cette Unité de Valeur

Exercice 1/7 : Déterminer le PPCM de 15 et 24, puis de 8 et 12 et enfin de 5 et 15.

Exercice 2/7 : Déterminer le PGCD de (1716;56) ; en déduire leur PPCM. Même chose avec (853;212).

Exercice 3/7 : Déterminer le PPCM des couples si $n \in \mathbb{N}^*$: (15n;12n) , (2n;2n+1) , (5n+7;2n+3).

Exercice 4/7 : Déterminer tous les entiers naturels non nuls n tels que PPCM(n;26) = 78.

Exercice 5/7 : Déterminer l'ensemble des couples (a;b) de $\mathbb{N}^2$ tq PGCD(a;b) = 15 et PPCM(a;b) = 180.

Exercice 6/7 : Déterminer deux entiers naturels non nuls a et b tels que: $a \times b = 1344$ et PPCM(a;b) = 168.

Exercice 7/7 : Déterminer deux entiers naturels non nuls a et b tels que: $a + b = 27$ et PPCM(a;b) = 60.

Arithmétique dans $\mathbb{Z}$: nombres premiers entre eux

Définition : Deux entiers relatifs a et b non nuls sont dits premiers entre eux lorsque : $\text{PGCD}(a;b) = 1$

Interprétation : Deux nombres premiers entre eux n'ont donc qu'un seul diviseur commun dans $\mathbb{N}$, c'est 1.

Remarque : Dans $\mathbb{Z}$, deux nombres premiers entre eux ont deux diviseurs communs, qui sont -1 et $+1$.

Exemple : Considérons les deux nombres suivants: 14 et 15. Alors, on a $14 = 2 \times 7$ et $15 = 3 \times 5$
Ainsi, dans $\mathbb{N}$, les diviseurs de 14 sont: $D(14) = \{\ 1\ ;\ 2\ ;\ 7\ ;\ 14\ \}$
De même, les diviseurs de 15 sont: $D(15) = \{\ 1\ ;\ 3\ ;\ 5\ ;\ 15\ \}$
Par conséquent, il apparaît que le seul diviseur qui soit commun à 14 et à 15 est 1, on dit que ces deux nombres sont premiers entre eux (la précision "entre eux" est très importante).

Remarque : Une fraction est irréductible lorsque son numérateur et son dénominateur sont premiers entre eux. Par exemple 14/15 est une fraction irréductible alors que 28/30 ne l'est pas ($\div 2$).

Théorème de BÉZOUT :
Deux entiers a et b ($\neq 0$) sont 1ers entre eux si, et seulement si, il existe des entiers u et v tels que: $\boxed{au + bv = 1}$

Théorème de GAUSS :
Soient a et b deux entiers relatifs non nuls et c un entier relatif. Si a divise bc et si a est premier avec b alors a divise c. $\boxed{\text{si } a\,|\,bc \text{ et si } \text{PGCD}(a;b) = 1 \text{ alors } a\,|\,c}$

Remarque : Le th. de GAUSS est très intéressant pour résoudre les équations diophantiennes.

Culture :
- Carl Friedrich GAUSS: mathématicien, physicien et astronome allemand. Né 1777, † en 1855.
- Une équation diophantienne est une équation qui se rapporte aux nombres entiers (dans $\mathbb{Z}$).
- La plus célèbre des équations diophantiennes est celle de Pierre de FERMAT (1601-1665) : $x^n + y^n = z^n$. Pour $n > 2$, il n'existe pas de solutions entières à cette équation, autre que le triplet (0;0;0). Il aura fallu attendre 1994, c'est-à-dire plus de trois siècles, pour que la conjecture émise par FERMAT soit (enfin) démontrée par le mathématicien anglais Andrew WILES.

Une note minimale de 16/20 est nécessaire pour valider cette Unité de Valeur

Exercice 1/9 : Démontrer que si $n \in \mathbb{N}^*$ alors les nombres n et $2n+1$ sont premiers entre eux.

Exercice 2/9 : Démontrer que si $n \in \mathbb{N}^*$ alors les nombres $8n+3$ et $3n+1$ sont premiers entre eux.

Exercice 3/9 : Démontrer que si $n \in \mathbb{N}^*$ alors n et $2n+1$ sont premiers entre eux.

Exercice 4/9 : Démontrer que si $n \in \mathbb{N}^*$ alors $8n+3$ et $3n+1$ sont premiers entre eux.

Exercice 5/9 : Démontrer, de deux façons différentes, que les nombres 812 et 451 sont premiers entre eux.

Exercice 6/9 : Démontrer que si $n \in \mathbb{N}^*$ alors $5n+7$ et $2n+3$ sont premiers entre eux.

Exercice 7/9 : Déterminer tous les entiers relatifs x et y tels que: $12x = 7y$.

Exercice 8/9 : Déterminer tous les entiers relatifs x et y tels que: $11x - 24y = 0$.

Exercice 9/9 : Déterminer tous les entiers relatifs x et y tels que: $125x + 35y = 0$.

| math 1 xx g |

Arithmétique dans $\mathbb{Z}$: nombres premiers

Définition : Un entier naturel est 1er s'il n'admet exactement que deux diviseurs distincts: 1 et lui-même.

Conséquence : L'entier naturel 1 n'est pas premier puisqu'il n'admet qu'un seul diviseur.

Exemples : 2 - 3 - 5 - 7 - 11 - 13 - 17 - 19 - 23 - 29 - 31 - 37 - 41 - 43 - 47 sont des nombres 1ers.

Propriété : Tout entier naturel se décompose en produit de facteurs premiers. Par exemple: $15 = 3 \times 5$

Culture : Pour établir la liste des nombres premiers inférieurs à 100, le mathématicien grec Ératosthène de Cyrène (IIIe siècle avant J.-C.) propose la méthode suivante, appelée **crible d'Ératosthène**.

- On écrit les nombres de 1 à 100, on raye 1.
- On raye les multiples de 2, excepté 2.
- On raye les multiples de 3, excepté 3.
- On raye les multiples de 5, excepté 5.
- On raye les multiples de 7, excepté 7.

Les entiers non rayés constituent la liste des nombres premiers inférieurs à 100.

Méthode : Pour savoir si un entier naturel n est premier, on teste sa divisibilité par tous les nombres premiers inférieurs dont le carré est inférieur à n. Si aucun de ces nombres premiers ne divise n, alors n est premier, sinon n n'est pas premier.

Exemple : Le nombre 1069 est-il premier ? On commence par calculer $\sqrt{1069} \approx 32,7$ puis par encadrer $(31^2 = 961) \leq 1069 \leq (37^2 = 1369)$. Ensuite, on teste la divisibilité de 1069 par tous les nombres premiers p jusqu'à 31, soit $p \in \{2;3;5;7;11;13;17;19;23;29;31\}$.

Aucun de ces nombres premiers ne divise 1069, donc le nombre 1069 est premier.

Propriété : *Nombre de diviseurs naturels*

Si un entier n a pour décomposition en produit de facteurs premiers $n = p_1^{\alpha_1} \times p_2^{\alpha_2} \times \cdots \times p_k^{\alpha_k}$,

alors le nombre de diviseurs naturels (c'est-à-dire dans $\mathbb{N}$) de n est : $(\alpha_1+1)(\alpha_2+1)\cdots(\alpha_k+1)$

Exemple :

La décomposition de 200 en produit de facteurs premiers est: $200 = 2^3 \times 5^2$

Ceci permet de dire que le nombre de diviseurs naturels (c'est-à-dire dans $\mathbb{N}$) de n est: $(3+1)(2+1) = 12$

En effet, les diviseurs de 200 dans $\mathbb{N}$ sont: $D(200) = \{1;2;4;5;8;10;20;25;40;50;100;200\}$ soit 12 au total.

Propriété : *Décomposition, PGCD et PPCM*

Soit a et b deux entiers naturels $\geq$ à 2, se décomposant sous la forme $a = p_1^{\alpha_1} \times p_2^{\alpha_2} \times \cdots \times p_k^{\alpha_k}$ et $b = p_1^{\beta_1} \times p_2^{\beta_2} \times \cdots \times p_k^{\beta_k}$ où $p_1, p_2, \cdots, p_k$ sont des nombres premiers, $\alpha_1, \alpha_2, \cdots, \alpha_k$ et $\beta_1, \beta_2, \cdots, \beta_k$ des entiers naturels éventuellement nuls. Pour chaque valeur de i entre 1 et k on pose $\delta_i = \text{minimum}(\alpha_i;\beta_i)$ et $\gamma_i = \text{maximum}(\alpha_i;\beta_i)$, alors $PGCD(a;b) = p_1^{\delta_1} \times p_2^{\delta_2} \times \cdots \times p_k^{\delta_k}$ et $PPCM(a;b) = p_1^{\gamma_1} \times p_2^{\gamma_2} \times \cdots \times p_k^{\gamma_k}$.

Exemple :

Soit à calculer le PGCD et le PPCM de 1500 et 4725 par la méthode de décomposition en facteurs premiers.

On a d'une part $1500 = 2^2 \times 3 \times 5^3$ qui s'écrit $1500 = 2^2 \times 3^1 \times 5^3 \times 7^0$

et d'autre part $4725 = 3^3 \times 5^2 \times 7$ soit aussi $4725 = 2^0 \times 3^3 \times 5^2 \times 7^1$

On a alors $PGCD(1500;4725) = 2^0 \times 3^1 \times 5^2 \times 7^0$ donc $PGCD(1500;4725) = 75$

et $PPCM(1500;4725) = 2^2 \times 3^3 \times 5^3 \times 7^1$ soit $PPCM(1500;4725) = 94500$

© 2019, Ludovic Le Moigne

Edition : Books on Demand,
12/14 rond-Point des Champs-Elysées, 75008 Paris
Impression : BoD - Books on Demand, Norderstedt, Allemagne
ISBN : 9782322166718
Dépôt légal : Mars 2019